科学与工程实践丛书 | 总策划 周忠和

太阳能与海水淡化

主 编 黄 晓 王耀村

浙江科学技术出版社

版权所有　侵权必究

图书在版编目（CIP）数据

太阳能与海水淡化 / 黄晓，王耀村主编. — 杭州：浙江科学技术出版社，2023.9
（科学与工程实践丛书）
ISBN 978-7-5739-0703-5

Ⅰ．①太… Ⅱ．①黄… ②王… Ⅲ．①太阳能利用－研究②海水淡化－研究 Ⅳ．① TK519 ② P747

中国国家版本馆CIP数据核字(2023)第120387号

丛 书 名	科学与工程实践丛书
书　　名	太阳能与海水淡化
主　　编	黄　晓　王耀村

出版发行　浙江科学技术出版社
　　　　　杭州市体育场路 347 号　邮政编码：310006
　　　　　办公室电话：0571-85176593
　　　　　销售部电话：0571-85062597
　　　　　E-mail：zkpress@zkpress.com

排　版	杭州万方图书有限公司			
印　刷	杭州捷派印务有限公司			
开　本	787×1092　1/16	印　张	6.75
字　数	75 000		
版　次	2023年9月第1版	印　次	2023年9月第1次印刷
书　号	ISBN 978-7-5739-0703-5	定　价	29.80元

策划编辑　莫亚元　　**责任编辑**　苏亚娟　杜宇洁　朱　莉
责任校对　张　宁　　**责任美编**　金　晖
责任印务　田　文

科学与工程实践丛书编委会

总策划 周忠和（中国科学院院士）

主　编 黄　晓　王耀村

副主编 吴英策　林长春

本册主编 楼朝辉

本册副主编 杨　骞

习近平总书记指出，要在教育"双减"中做好科学教育加法，激发青少年好奇心、想象力、探求欲，培育具备科学家潜质、愿意献身科学研究事业的青少年群体。科学教育是基础教育的基础。在"双减"背景下，给科学教育做加法，应该加什么？怎么加？浙江师范大学科学教育研究中心主任黄晓教授团队编写的丛书，用实际行动回应了这些教育界的关切。

为了做有原创价值的科学与工程实践教育课程，团队成员扎根中国本土科学教育实践，开阔国际视野，在引进和改编美国"科学与工程实践教学用书"的基础上，编写了适合我国学生使用的"科学与工程实践丛书"。

"科学与工程实践丛书"共6册，每册围绕一个主题划分为若干个项目，以真实情境任务作为主线贯穿始终，在各项目中融入相应的学习任务，强调科学探究与工程设计过程，重视探究问题的提出、探究活动的体验和科学方法的应用。

"科学与工程实践丛书"努力做好科学教育加法，主要表现为：

1. 突显基于项目的学习关照。围绕六个与学生生活和社会发展息息相关的主题进行项目设计，以真实情境任务作为明线贯穿始终，强调基于真实任务的方案设计、建模过程与问题解决，做好科学探究与工程实践的加法。

2.**重视科学方法与科学思维**。丛书围绕科学方法与科学思维，在内容编写时融入了观察、测量、预测、分类、比较、解释、推理、控制变量等科学方法，以及科学推理、科学论证、模型建构、质疑创新等科学思维，做好科学方法与科学思维的加法。

"科学与工程实践丛书"与现行义务教育课程标准要求匹配，围绕学生熟悉的六个主题，呈现挑战或问题，融合科学、社会、语言表达艺术、数学等多学科知识应用，为学生创设科学与工程实践过程体验，让学生自主设计、实验和解决问题，以提升实践能力、创新能力和问题解决能力。

中国科学院院士
美国国家科学院外籍院士
发展中国家科学院院士
第十四届全国政协常委
中国科普作家协会理事会理事长

周忠和

目录

☀ 实践背景 　　　　　　　　　　　　　　　　　/ 1

☀ 项目一　能量是什么　　　　　　　　　　　　/ 5

　1.1　资源与我们　　　　　　　　　　　　　　/ 6

　1.2　认识能量　　　　　　　　　　　　　　　/ 8

　1.3　动能和势能　　　　　　　　　　　　　　/ 11

　1.4　发射棉花糖　　　　　　　　　　　　　　/ 18

☀ 项目二　能源是否可再生　　　　　　　　　　/ 25

　2.1　能源的分类　　　　　　　　　　　　　　/ 26

　2.2　水资源短缺　　　　　　　　　　　　　　/ 33

　2.3　"金色能量"　　　　　　　　　　　　　　/ 35

　2.4　热传递　　　　　　　　　　　　　　　　/ 39

☀ 项目三　太阳能热水器　　　　　　　　　　/ 45

3.1　能源与环境　　　　　　　　　　　　/ 46
3.2　温室效应　　　　　　　　　　　　　/ 49
3.3　制作太阳能热水器　　　　　　　　　/ 53
3.4　"水资源短缺"活动　　　　　　　　　/ 60

☀ 项目四　海水淡化站　　　　　　　　　　/ 63

4.1　物体的沉浮　　　　　　　　　　　　/ 64
4.2　盐水有多咸　　　　　　　　　　　　/ 67
4.3　探索海水淡化站　　　　　　　　　　/ 72
4.4　"世界水日"主题宣传活动策划　　　　/ 81

☀ 项目五　淡水总动员　　　　　　　　　　/ 84

5.1　淡水危机　　　　　　　　　　　　　/ 85
5.2　制作海水淡化装置　　　　　　　　　/ 88
5.3　节水活动大宣传　　　　　　　　　　/ 95

参考文献　　　　　　　　　　　　　　　　/ 98

实践背景

在广阔的大海上有一座美丽的岛屿，这里的岛民给它取了一个很有意境的名字——星星岛。这里绿树成荫，鸟语花香，海连着天，天连着海，宛如童话里的仙境。

特特是星星岛上星星小学的一名学生。这一天，特特如往常一样去上学，却看见老师夹着一份文件，深锁着眉头，走进教室："同学们，今天老师要宣布一项刚颁发的政策。政府规定，由于最近淡水资源紧缺，以后我们每个人每天的用水量不得超过5升。"

老师话音刚落，教室里一片哗然，各个角落都充斥着抱怨的声音。

特特十分不解，忍不住问道："明明昨天我们都还可以随意使用淡水呀，怎么今天突然就规定用水量了呢？而且每人每天5升水，只够我们喝和洗漱呀，连洗澡都不行了。"

老师叹了口气说："大家都知道，我们星星岛是一座海岛，四面都是蔚蓝的海水，淡水资源极其缺乏。如果仅仅是靠降水来补给，是远远不够的。之前我们会以化石燃料作为能源，通过蒸馏的方式来淡化海水。由于淡水资源的需求量极大，化石燃料的日耗费量日益增加，岛上化石燃料的储存量急剧下降，已经所剩无几了。同时，化石燃料的大量使用导致星星岛的环境污染日益严重。如果再不规定用水量，我们即将无法生存了。"

老师的一番话让教室陷入了沉默，每一个学生的脸上都写满了对未来的担忧。

特特灵光一现，眼睛忽闪忽闪的，他坚定地说道："一定有方法能够淡化海水的，老师请给我些时间，我一定能和小伙伴们找到不会枯竭的能源来淡化海水！"

科学与工程实践小组成员

小思　　　茉茉　　　小伊　　　特特

小思： 好奇心强，善于从身边的事物中发现问题，擅长开展科学探究活动，观察生活中的现象，能够通过观察、调查和实验等方式解决问题。

茉茉： 勤学善思，擅长逻辑推理，具有较强的洞察力和数学运算能力，善于使用测量工具，懂得从定量的角度解释现象，能够使用多种数学方法解决真实问题。

小伊： 思维敏捷，动手能力较强，能够借鉴前人的智慧，善于利用工程设计流程完成产品的设计与制作，能够根据产品的需求，进行反复的修改。

特特： 自信勇敢，勇于创新，精于使用各种工具，擅长运用各种技术收集资料、分析问题并解决问题。懂得在尊重自然规律的基础上改造世界，实现与自然界的和谐共处，解决社会发展过程中遇到的难题。

项目一
能量是什么

项目活动

如何才能找到不会枯竭的能源呢?这让科学与工程实践小组的成员犯难了。

什么是资源稀缺?什么是能量?能量之间又是怎么转换的?相信通过下面的项目学习,你们一定会获得答案的。

1.1 资源与我们

通过前期调查，科学与工程实践小组成员了解到，岛上果蔬、肉类等食物的供应主要来源于岛外的陆地。一旦遇到一些特殊天气，海上交通运输受阻，就会导致物资供应不足。科学与工程实践小组成员想通过一个"分配爆米花"的活动，来模拟岛上居民遇到特殊天气而不能补充日常生活物资时，分配生活资料的情境。

科学与工程实践活动 分配爆米花

◉ 活动材料

爆米花：代表你将获取的资源。

塑料袋：12只装有爆米花的塑料袋。

杯子：每位学生都有一个杯子，用于盛放爆米花。

◉ 活动目标

确保每位学生都能得到爆米花。

◉ 活动方式

每位学生排队领取爆米花，若塑料袋中的爆米花全部分完后还有排队领爆米花的学生，则这些未领到爆米花的学生拿着空杯回到座位上。

项目一　能量是什么

● **注意事项**

当学生拿到一杯爆米花后,马上回到自己的座位上,请不要触碰或食用爆米花。

● **思考**

1.通过该活动,你认为资源稀缺意味着什么呢?

2.在我们的生活中,有哪些资源是稀缺的?

你知道吗

其实我们可用的资源都是非常有限的。相对于人类无限增长的需求而言,在一定时间与空间范围内资源总是有限的,相对不足的资源与人类绝对增长的需求造成了资源的稀缺性。

1.2 认识能量

能量是人类赖以生存的基础，这里的能量通常是指热能、电能、光能、机械能、化学能等。人们的生产生活离不开能量。让我们一起来了解日常生活中的能量吧！

 身边的能量

你有没有关注过日常生活中的这些事：

按一下开关——灯亮了！

摁一个按钮——空调开始运转了！

拧开水龙头——干净的水流出来了！

打开燃气灶——火冒出来了！

1 这些事就像变"魔法"一样,你能描述一下它们各自的过程吗?

_____

_____

2 这些平常事的发生,是靠什么"工作"或运动的?

_____

_____

能量的转换

物体的运动有多种多样的形式,同样,能量也有多种多样的形式,如机械能、电能、热能、光能、化学能、声能等,它们可以通过一定的方式互相转换。大多数形式的能量都可以转换成另一种形式的能量,如果没有能量,自然界就不会有运动和变化,也不会有生命了。

人体的化学能转换为自行车的机械能

太阳能和风能转换为电能

课堂讨论

我们身边还有哪些事物具有能量?它们所具有的能量属于哪种类型?

和你的小伙伴一起交流讨论一下吧,共同完成下页的能量图!

 太阳能与海水淡化

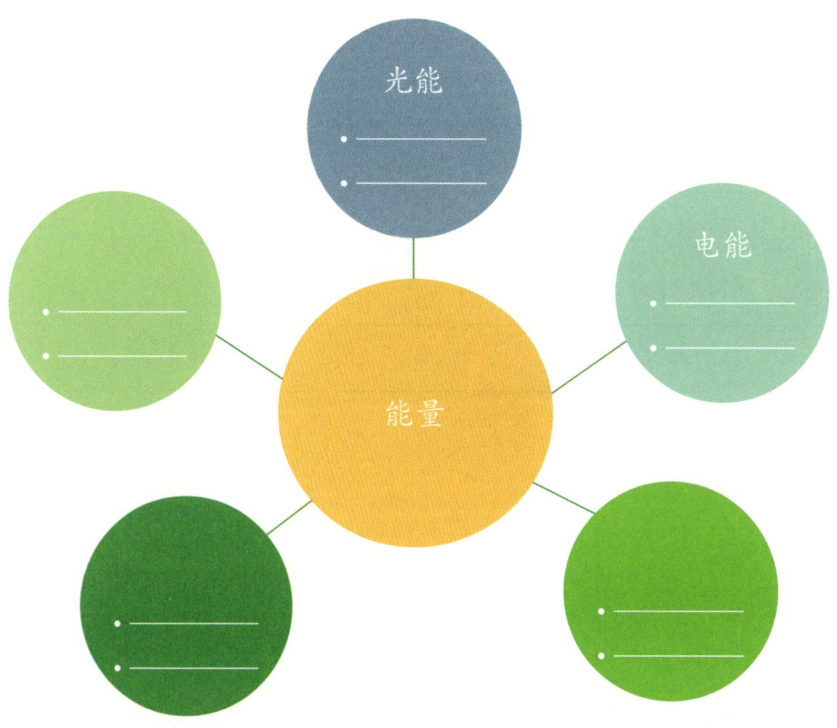

1.3 动能和势能

能量有多种多样的形式，通过前面的学习，我们知道了一些常见能量的形式。现在让我们开始进一步的学习吧！

 动能和势能

1 机械能是我们常见的能量，它包括动能和势能。你知道什么是动能吗？

保龄球在运动时具有动能

水在流动的过程中具有动能

（1）具有动能的物体有哪些特点？

（2）运动的物体具有的能量叫作动能，你能举例说明哪些物体具有动能吗？

2 机械能的另一种形式是势能，那么，什么是势能呢？

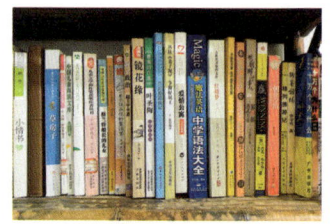  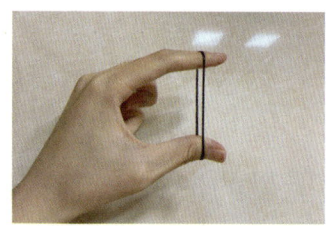

放在书架上的书　　　　黄山上的石块　　　　　拉伸的橡皮筋
（相对地面）　　　　（相对海平面）

（1）具有势能的物体有哪些特点？

（2）物体由于其位置或形状被改变而具有的能量叫作势能，你能举例说明哪些物体具有势能吗？

科学与工程实践活动　小苹果历险记

科学与工程实践小组成员小思利用假期和朋友们来到了游乐场，打算放松一下。他看到儿童蹦极跳床非常有趣，就迫不及待地坐了上去。游戏启动了，小思时而向地面俯冲，时而又被高高悬起，被吓得哇哇大叫。那么，这个游戏装置是怎么运转的呢？小思决定利用动能和势能的知识，使用小苹果和橡皮筋等材料，和伙伴们一起设计一个模拟儿童蹦极跳床的"小苹果历险"装置。

要想做好这个装置，首先要提出明确的、可操作的科学问题。

如何把"我想知道"转换成可验证的科学问题呢？小思陷入了深思，你能帮帮他吗？

我想知道如何才能制作出"小苹果历险"装置。

我想知道小苹果的运动状态发生改变时，能量是怎么转化的。

- **活动任务**

1.用下列所提供的材料来设计"小苹果历险"装置，模拟小思玩蹦极跳床时的运动状态。

2.分析苹果和橡皮筋在这一过程中发生的能量转换。

- **活动材料**

苹果1个，橡皮筋15根，透明胶1卷。

- **活动过程**

1.请你设计实验方案，其中包括实验问题、实验步骤以及实验表格。

2.你是如何用这些材料来模拟小苹果的运动的？

（1）设计：在方框中绘制"小苹果历险"装置的设计图，并写出操作方法。

（2）制作：根据设计图，小组合作完成制作"小苹果历险"装置的任务。

（3）演示：观察并记录小苹果的运动情况。

3. 在这个过程中你遇到了哪些问题，你是如何解决的？

● 思考

1. 小苹果被橡皮筋拉升到达最高点时，小苹果具有什么能量？

2. 在小苹果下降的过程中速度是怎么变化的？在此过程中小苹果的什么能量逐渐增加？什么能量逐渐减少？到达最低点时小苹果的动能与重力势能又是怎样的？

3. 从"小苹果历险记"活动中你体会到了什么？

你知道吗

科学家开始探究的时候，会对一些事情感到好奇，他们会把想知道的问题用文字进行陈述。我们也可以先说一说"我想知道"的陈述，然后把这些陈述句变成一个个问题。问题分为可测试问题和不可测试问题，而能够解释的科学问题是可测试的（例如："扔球时的高度会影响它反弹的次数吗"是可测试问题，而"这个球很有弹性吗"是不可测试问题）。在实验开始前，我们先要对问题的可测试性进行讨论。

科学与工程实践活动　我们的势能

● **活动任务**

小思和伙伴们一起玩了滑滑梯，非常有趣。大家想利用硬币和自制滑梯模拟滑滑梯的情形，进行一系列实验，从而增强对势能、动能和能量转换的理解。

● **活动过程**

1. 提出问题：两人一组，提出一些关于滑梯和硬币的可测试问题。

可测试问题

序号	问题
①	滑梯表面的粗糙程度会影响硬币移动的速度吗
②	硬币移动的速度与滑梯的角度有什么关系
③	
④	

你能对你所提出的这些可测试问题做出合理的假设吗？试着写下来。

2.设计实验与制订计划：小组成员分工合作，互相交流，根据问题选择实验材料，设计实验方案，制订活动计划。

"滑滑梯"活动计划表

可测试问题	准备材料	实验步骤
①		
②		
③		
④		

小建议：可以采用便利贴来记录实验步骤，这样方便对实验步骤进行添加、重新排序或删除。

硬币

滑梯部件

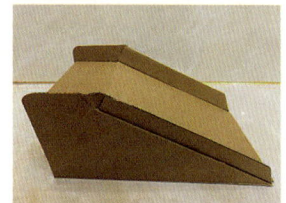

滑梯

3.数据收集:实验开始之前要设计好数据记录表且标明表头和所要记录的数据名称。实验过程中要及时、准确地记录实验数据,不可以随意修改数据或编造数据。记得要多次重复实验哦。

4.解决问题。

(1)硬币在滑梯上从上往下滑落的过程中,能量是如何转换的?

_____

_____

(2)哪一种滑梯表面上的硬币滑得最快?你认为这是为什么?

_____

_____

(3)每次实验的结果是否相同,如果不同,你认为可能是哪些原因导致的?

_____

_____

(4)与隔壁小组交流,看看他们发现了什么,与自己小组的发现有什么不同?

_____

_____

通过这个活动,我们感受到了势能、动能等各种类型的能量和能量转化!

我想到的是,这些知识应该有更多的实际应用!

1.4 发射棉花糖

我国古代战场上的攻城利器之一——大型投石机,是一种木制重型远程投石武器,应用于攻、防城墙的战斗中。它最早出现于春秋战国时期,是一种木石结构,运用杠杆原理抛射石弹。特特和伙伴们讨论商议,准备用棉花糖来模拟"石弹",亲手设计并制作一个棉花糖发射器。

棉花糖发射器(一)

棉花糖发射器(二)

棉花糖发射器(三)

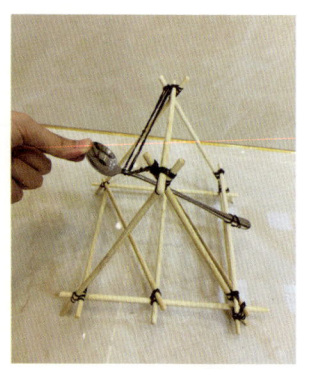
棉花糖发射器投掷(一)

棉花糖发射器投掷(二)

科学与工程实践活动 制作棉花糖发射器

● **活动任务**

依照工程设计流程设计并制作一个棉花糖发射器,使用该发射器将棉花糖发射一定距离。在规定时间内完成挑战,最终将比较各小组制作的发射器发射棉花糖的距离与精确度。

● **活动材料**

10根工艺棒,8条橡皮筋,2个塑料勺,1把剪刀,若干个棉花糖,1卷胶带。

● **活动规则**

1. 只能使用所提供的材料,但不需要全部使用。

2. 发射器能将棉花糖发射至少60厘米远。

3. 发射过程中不得借助桌面或其他表面。发射器必须能稳当地放在水平面上,且能单手操作。

4. 除了在比赛开始时将棉花糖放在发射器上,其余时间不得用手触摸棉花糖。

5. 不得改变棉花糖的重量或形状。

6. 小组所有成员都必须参与设计和制作。

7. 必须使用工程设计流程来设计发射器。

 定义问题

工程师在任务开始实施之前会先定义问题,即通过观察、调查等方式来明确问题及其要求。

为此，特特需要知道棉花糖发射器的成功标准和限制条件。例如，棉花糖发射器应该具备哪些功能，这些称为成功标准；应该克服哪些困难，这些称为限制条件。

特特考虑到一个人的力量是有限的，于是他打算小组合作，共同解决问题。

小组讨论：棉花糖发射器的成功标准和限制条件有哪些？

棉花糖发射器的成功标准和限制条件

成功标准	限制条件
1.至少能将棉花糖推动60厘米	1.发射过程中棉花糖不得变形
2.	2.
3.	3.
4.	4.

 了解问题

定义问题后需要进一步了解问题。通过查阅相关资料、开展头脑风暴等方法来提出多种解决方案，并选择最优方案。例如，可以查阅"如何让发射器射得更远"的相关资料。

1 分工合作：依据成功标准和限制条件来查阅相关资料。

2 交流讨论，筛选方案。

头脑风暴

头脑风暴

小组成员围绕一个中心问题，畅所欲言，发表尽可能多的观点。讨论过程中不要对任何观点进行反驳，但可补充他人的想法。讨论结束后对观点进行反复比较和筛选，确定最佳解决方案。

这种方法简便高效，能够在短时间内产生大量的灵感，体现团队的智慧。

 拟订解决方案

接下来，开始拟订解决方案，调查并列出所需的材料，确定将采取的步骤，并用设计图、便签等形式把方案呈现出来。

1　画出棉花糖发射器的设计图，并说明设计理由。

2 列出制作的步骤。

3 写出制作过程中需要用到的工具、材料和技术。

 尝试解决方案

当小组制订方案后,就可以开始尝试解决方案,根据最佳设计方案来进行制作。

在制作棉花糖发射器的过程中你们遇到了哪些问题?你们是如何解决的?

遇到的问题与解决方法

遇到的问题	解决方法

测试解决方案

用合理的方式测试模型并收集数据,根据数据对模型进行评估,查看是否达到预期效果,哪些地方还可以改进。

1 棉花糖移动了多少距离?棉花糖的形状是否发生改变?

_____

_____

2 通过测试,你们发现棉花糖发射器还有什么可以完善的地方?

_____

_____

确定解决方案

解决问题并不是一蹴而就的,需要反复改进和完善。确定解决方案就是要根据测试结果和他人的反馈来不断改进设计,直到完全满足要求为止。

1 根据测试结果与反馈情况,你们会做出哪些改进?

_____

_____

2 画出改进后的棉花糖发射器的设计图,并根据设计图对棉花糖发射器进行改进。

3 重新测试解决方案,直到棉花糖发射器完全满足要求。

 ## 展示与评价

1 向同学们展示并介绍你们小组制作的棉花糖发射器。

2 小组成员对本组的表现进行评价,并给其他小组提出建议。

3 收集其他小组的建议。

项目二
能源是否可再生

项目活动

特特常常听到星星岛的大人说我们的能源越用越少，但是他一直在疑惑能源为什么会减少呢？同学们，你们知道吗？让我们一起探索吧！

2.1 能源的分类

能源是能够提供能量的资源。这里的能量通常指热能、电能、光能、机械能、化学能等。

能源分类

你知道哪些能源呢？我们每天使用的能源来自哪里？

_____

_____

是什么

能源可以分为可再生能源和不可再生能源。

可再生能源是指具有自我恢复原有特性，并可持续利用的一次能源，包括太阳能、水能、生物质能、氢能、风能、波浪能、地热能等。

风车

不可再生能源泛指人类开发利用后，在现阶段不可能再生的能源资源。如煤和石油都是古生物的遗体被掩压在地下深层中，经过漫长的演化而形成的(故也称为

煤燃烧

"化石燃料"），一旦被燃烧耗用后，不可能在数百年乃至数万年内再生。除此之外，不可再生能源还有天然气、核能、油页岩。

科学与工程实践活动　能源豆大挑战

星星岛有很多的能源，有可再生能源，也有不可再生能源。10年后，星星岛拥有的能源还和现在一样多吗？让我们通过活动来模拟一下吧！

- **活动材料**

豆子：每个小组都将分得100颗豆子，这代表你们手中所拥有的能源总量，其中有90颗棕色豆和10颗白色豆，棕色豆代表不可再生能源，白色豆代表可再生能源。

塑料袋：黑色塑料袋用于放置将要被摸取的100颗豆子，透明塑料袋用于放置将要被丢弃的豆子。

- **活动方式**

按照指定要求，在黑色塑料袋中摸取一定数量的豆子，作为一年的能源消耗。数一数有多少颗棕色豆，多少颗白色豆，并将它们记录下来。将白色豆放回黑色塑料袋中，棕色豆放到透明塑料袋中。

● 每年所需豆子的数量

- 第1年：5颗豆子
- 第2年：7颗豆子
- 第3年：8颗豆子
- 第4年：9颗豆子
- 第5年：10颗豆子
- 第6年：10颗豆子
- 第7年：12颗豆子
- 第8年：15颗豆子
- 第9年：15颗豆子
- 第10年：18颗豆子

● 活动要求

1. 摸取豆子时，不要偷看豆子的颜色。
2. 对每年使用的能源豆数量、棕色豆数量和白色豆数量进行记录，制作活动记录单，并回答相关问题。

● 思考

1. 为什么每年所需要的豆子会越来越多？
2. 从第几年开始你没有足够的豆子来满足能源需求？
3. 最后剩下多少颗白色豆？
4. 用豆子来代表能源，有什么优点和局限性？

 模型应用

你知道什么是模型吗？通常我们在学习中应用的模型有哪些？

你知道吗

模型是使概念或物体更容易理解的一种表征。

模型的类型包括可视化模型（如流程图）、概念模型

（如天气预报）、数学模型（如几何图形）和物理模型（如地球仪）。

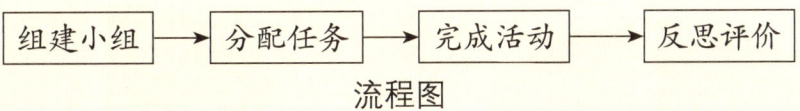

流程图

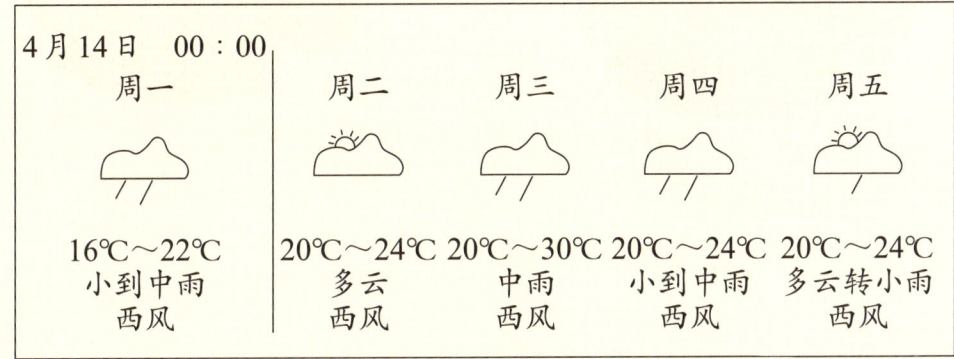

天气预报

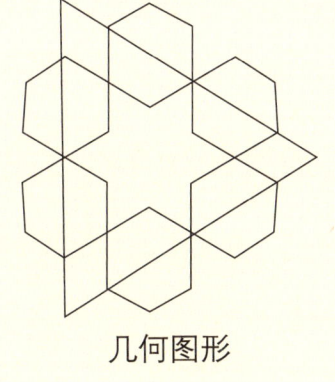

几何图形

地球仪

课堂讨论

通过"能源豆大挑战"活动，你从中获取了哪些信息？活动记录单具备模型的功能吗？

 能源消费结构

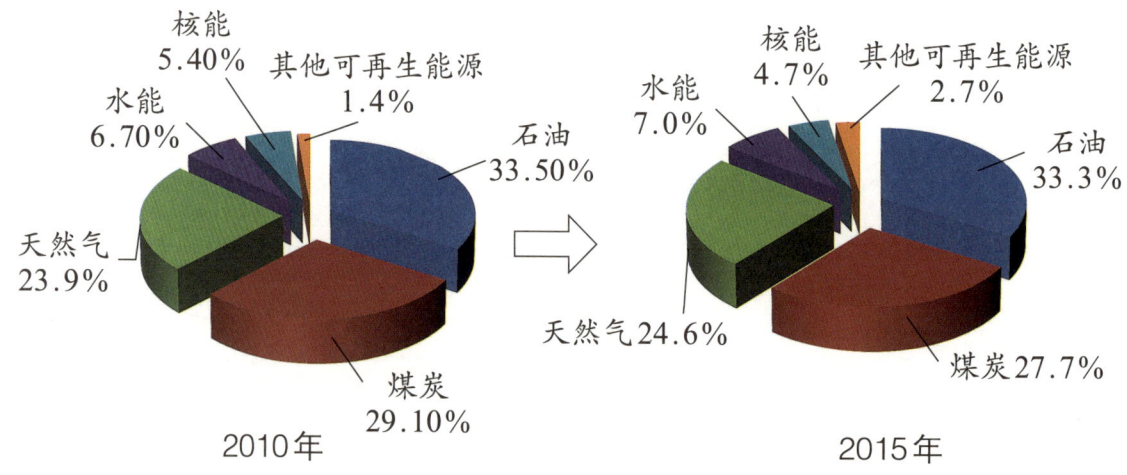

2010年和2015年世界能源消费结构变化

1 找出图中的可再生能源与不可再生能源。

可再生能源：_____

不可再生能源：_____

2 根据图中能源消费结构的变化，预测2040年会变成什么样，那时我们周围的环境还会和现在一样吗？

_____
_____
_____
_____

 回顾自己的一天

特特想要了解自己在一天中消耗了哪些能源，你能帮助他一起

30

调查吗？在下表中记录你一天的活动内容和所消耗的能源，并分析消耗能源的种类。

能源消耗记录表

序号	活动	消耗的能源
1		
2		
3		
4		
5		
6		

1 一天中，消耗的可再生能源有_____。

2 一天中，消耗的不可再生能源有_____。

3 你知道身体所消耗的能量来自哪里吗？用途有哪些（如用于跑步）？试着完成下图。

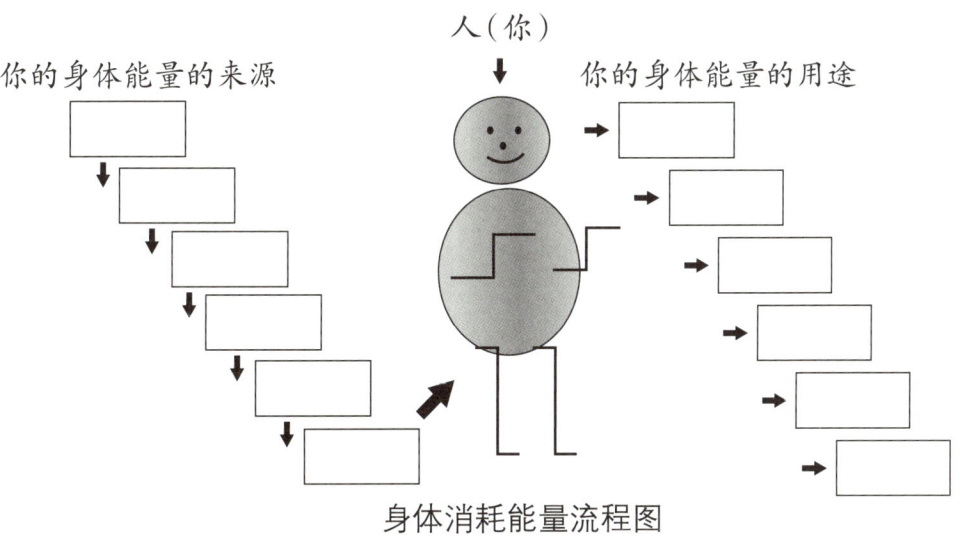

身体消耗能量流程图

4 我们消耗的能量最终来源于_____。

课堂讨论

煤和石油是怎样形成的？它们最初的能量来自哪里？

是什么

能量守恒定律是指能量既不会凭空产生，也不会凭空消失，它只会从一种形式转换为另一种形式，或者从一个物体转移到其他物体，而能量的总量保持不变。

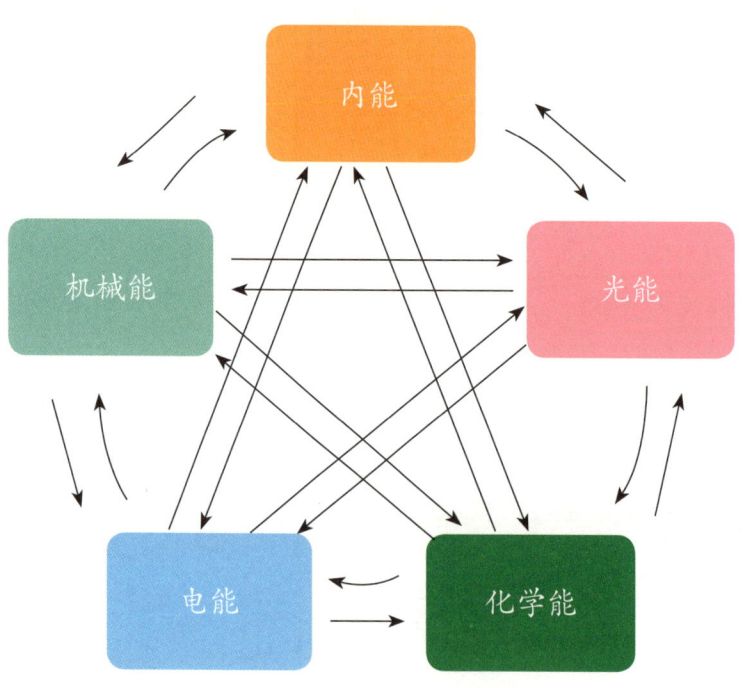

能量守恒定律概念图

2.2 水资源短缺

水流淌在我们的生活里,是我们赖以生存和发展的重要资源。

是什么

随着经济的发展和人口的增加,人类对水资源的需求不断增加,再加上人类对水资源的不合理开采和利用,很多国家和地区出现不同程度的缺水问题,这种现象称为**水资源短缺**。

在全球范围内,选择一处淡水资源严重短缺的地区,请你和你的小伙伴一起调查一下该地区水资源短缺的原因,并根据你们的调查记录,思考如何解决水资源短缺的问题。

_____地区水资源短缺调查记录表

序号	该地水资源短缺的原因	我们的对策
1		
2		
3		
4		
5		

你知道吗

水是世界上最普遍的物质之一，总体积为14.1亿立方千米，其中只有约2.5%是淡水。淡水的68.7%又被封冻在两极及高山的冰层和冰川中，难以利用。便于人类利用的淡水资源只有21000立方千米左右。这些资源在时空上分布不均，加上人类的不合理利用，使世界上许多地区面临着严重的水资源危机。

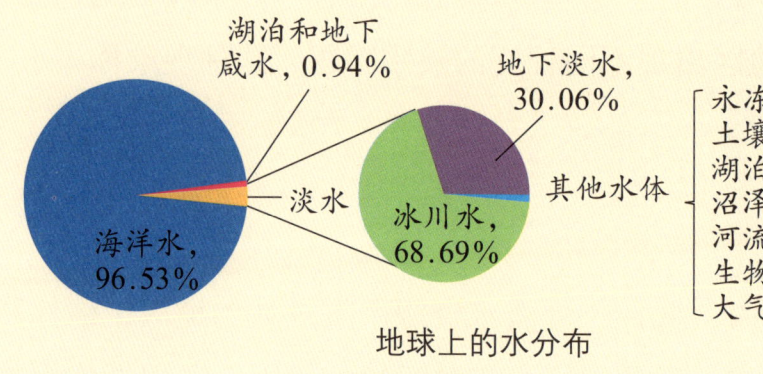

地球上的水分布

地球上的水资源虽然很丰富，但是可供利用的淡水资源却非常少，而且分布不均匀。请你联系生活实际，开展小组讨论。

课堂讨论

1. 全球淡水资源严重缺乏的地区多吗？它们在地理位置上有什么共同点？
2. 水资源短缺对日常生活会造成哪些影响？
3. 如何在日常生活中节约用水？

2.3 "金色能量"

特特了解到太阳每天辐射的能量比全世界一年消耗的能量还要多。为何不利用太阳能来满足人类所有的能源需求呢？特特想要多了解一些有关太阳能的知识。接下来，让我们以小组（3~4人一组）为单位，依照工程设计流程，和特特一起来研究太阳能吧！

_____（小组）成员分工表

序号	姓名	组内职责
1		
2		
3		
4		

定义问题

为了创建班级信息数据库，需要每个小组研究一个与太阳能有关的主题，并与全班同学分享研究结果。

可供选择的主题有：

1. 太阳是怎么形成的？它是如何发光的？
2. 如今是如何利用太阳能的？
3. 什么是太阳能电池板？它们是如何工作的？

4　使用太阳能的优点和缺点是什么？

5　风和阳光有什么关系？

 了解问题

选定主题后，小组成员分工合作，查阅与主题相关的太阳能资料，对相关的事实、细节、注释、来源信息和原文句子进行记录。自然小组交流讨论并筛选有用的资料。

 拟订解决方案

根据小组成员分工表来对所选择的主题开展研究，记录研究结果。

尝试解决方案

收集完所有的资料，请你和小组成员一起设计并制作一张主题海报。海报需要满足以下要求：

1. 展示你们小组研究的主题和对主题的理解。
2. 包含与研究主题有关的照片。
3. 信息准确，内容丰富。
4. 语句通顺，无错别字。
5. 已完成的海报需要粘贴在展示墙上。

在制作主题海报前需要做一些什么准备工作？如何和自己的小组成员沟通？如何听取小组成员的建议？

主题海报

测试解决方案

1. 向全班同学展示各小组的宣传海报，听听大家的意见，有哪些地方还可以继续改进？一起交流一下！

2 你们会如何给其他小组的同学提建议，以及如何帮助伙伴？

_____

_____

 确定解决方案

1 根据大家的建议，你们会做出哪些改进？请重新修改你们的宣传海报。

2 根据各小组的研究结果，整理太阳能的相关知识，创建班级信息数据库。

2.4 热传递

热传递（或称传热）是物理学上的一个物理现象，是指由温度差引起的热能传递现象。让我们来学习有关热传递的知识吧！

是什么

热传递主要存在三种基本形式：热传导、热辐射和热对流。

热传导：热量从一个物体传递到与它直接接触的另一个物体，或从物体的一部分传递到另一部分的过程。

热辐射：在没有物体接触的情况下发生。比如太阳加热物体的方式（光在空气中传播，并把热量传递给周围的物体）。

热对流：热量通过液体或气体进行传递。

只要在物体内部或物体间有温度差存在，热能就必然以以上三种方式中的一种或多种从高温向低温处传递。

课堂讨论

热传递产生的原因是什么？有哪几种热传递的形式呢？

请尝试绘画，用箭头、文字等形式来表示热传递的过程。

科学与工程实践活动 感受热传递

通过对热传递知识的学习,我们知道了热传递有多种形式,但对热传递的了解还是不够清晰。让我们一起来做几个小实验,感受一下热传递的存在吧!

- **热传递小实验(一)**

1.准备2杯水(1杯热水和1杯冷水)、1瓶红黑水,以及1根玻璃棒和1个胶头滴管等材料。

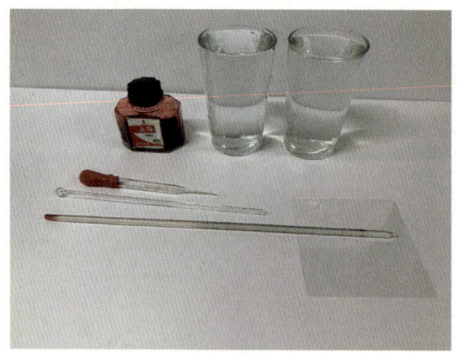

材料准备

2. 往冷水中滴加红墨水染色。

冷水中滴加红墨水后

3. 将塑料片盖在冷水杯上，并将冷水杯倒扣在热水杯上。

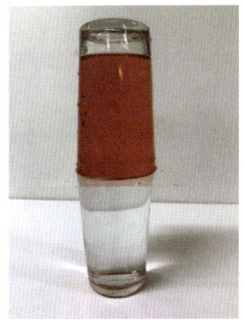

将冷水杯倒扣

4. 预测：将塑料片抽出，会发生什么样的现象？

_____

5. 抽出塑料片，观察实验现象并记录。

_____

6. 这和你的预测相同吗？你能解释这种现象产生的原因吗？

_____

7. 拓展：用塑料片盖住热水杯口，然后将其迅速倒扣在冷水杯上，抽出塑料片，会发生什么现象？请你和小伙伴一起进行实验，并将你们的预测结果和实验结果记录下来。

热传递小实验(二)

1.工具学习:认识温度计。

温度计是可以准确地判断和测量温度的工具(小学阶段常用的温度计为酒精温度计)。

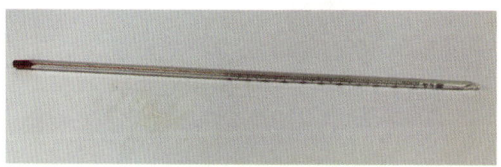

酒精温度计

你知道吗

温度计的使用方法如下:

会选:估测温度,选择合适的温度计。

会看:观察温度计的量程与分度值。

会放:将温度计的玻璃泡与被测物体充分接触,不要使温度计的玻璃泡接触容器壁和容器底。

会读:当温度计的示数稳定后再读数;读数时,温度计仍需与被测物体接触;视线要与温度计中液柱上表面相平。

会记:测量结果由数值和单位组成。

2.开展实验。

(1)准备3杯水和1支温度计,将3杯水分别贴上不同的位置标签。

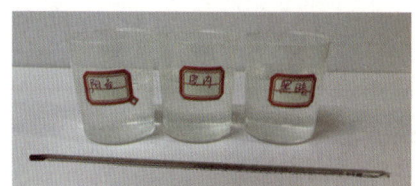

材料准备

(2)用温度计测量3杯水的初始温度。

初次测温

(3)将3杯水放置在标签对应的位置。放置一段时间后,先预测杯子里的水的最终温度,再用温度计测量3杯水的最终温度。

再次测温

3.实验记录。

实验完成后,请填写热传递数据表并回答相应问题。

热传递数据表

杯子的位置	初始温度	最终温度预测值	最终温度实际值	温度变化(最终温度实际值—初始温度)

(1)哪个杯子里的水温度变化最大?你认为这是为什么?

_____

(2)哪个杯子里的水温度变化最小？你认为这是为什么？

_____

(3)哪一种类型的热传递导致了温度的变化？（圈出答案）

   热对流   热传递   热辐射

(4)如果把黑纸放在靠近窗边的杯子下面，你认为会发生什么？为什么？

_____

(5)如果把白纸放在靠近窗边的杯子下面，你认为会发生什么？为什么？

_____

项目三

太阳能热水器

项目活动

　　星星岛上有各种各样的能源，利用不同的能源会对环境产生不同的影响。用哪种能源制作热水器既方便又环保？快来和科学与工程实践小组成员一起设计并制作一个热水器吧！

3.1 能源与环境

能源与环境问题是21世纪人类最关注的问题，也是我国乃至世界各国可持续发展的重要战略问题。让我们来具体了解一下吧！

你知道吗

能源是经济发展的动力，是提高人民生活水平的物质基础；环境是人类赖以生存的基础，也是经济发展、社会进步的前提和条件。能源与环境是相互联系、密不可分的，能源利用引起的环境污染会制约经济的发展和人民生活水平的提高。所以，合理开发和利用能源，协调好能源与环境的关系，是摆在人类面前的重大课题，对于我国来说，更是一项迫切的任务。

自2007年起，我国已成为世界第二大能源生产国和消费国，二氧化碳排放量居世界第二位。在我国经济发展的过程中，曾经出现能源结构不合理、能源利用率低等问题，造成严重资源浪费，进而对环境产生严重的影响，主要有城市大气污染、温室效应、酸雨、核废料等。

石油污染

垃圾污染

温室效应

大气污染

课堂讨论

1. 在利用能源的过程中给环境带来了哪些不良影响?
2. 如何才能减少资源浪费,你能提出几项改进措施吗?

科学与工程实践活动 环境保护宣传海报

化石燃料的大量使用不仅造成了星星岛上燃料储存量的急剧下降,也使得星星岛的环境受到了污染。为了引起大家对环境保护的重视,科学与工程实践小组准备开展一次绘制环境保护宣传海报的活动。让我们和科学与工程实践小组成员一起来设计宣传海报吧!

● **制作宣传海报的要求**

1. 要有醒目的标题来介绍环境保护的主题。
2. 可以放上环境污染的相关照片。
3. 要讲清楚环境保护的重要性。
4. 要提出开发能够代替化石燃料的绿色环保能源的建议。

● **调查**

科学与工程实践小组成员认为,要想找到能够代替化石燃料的能源来减少环境污染,要先调查不同能源开发和利用时对环境的影响。有这么多种能源,哪一种能源更绿色环保呢?你能帮助科学与工程实践小组分析并完成这个任务吗?借助下页图来完成你们的任务吧!

太阳能与海水淡化

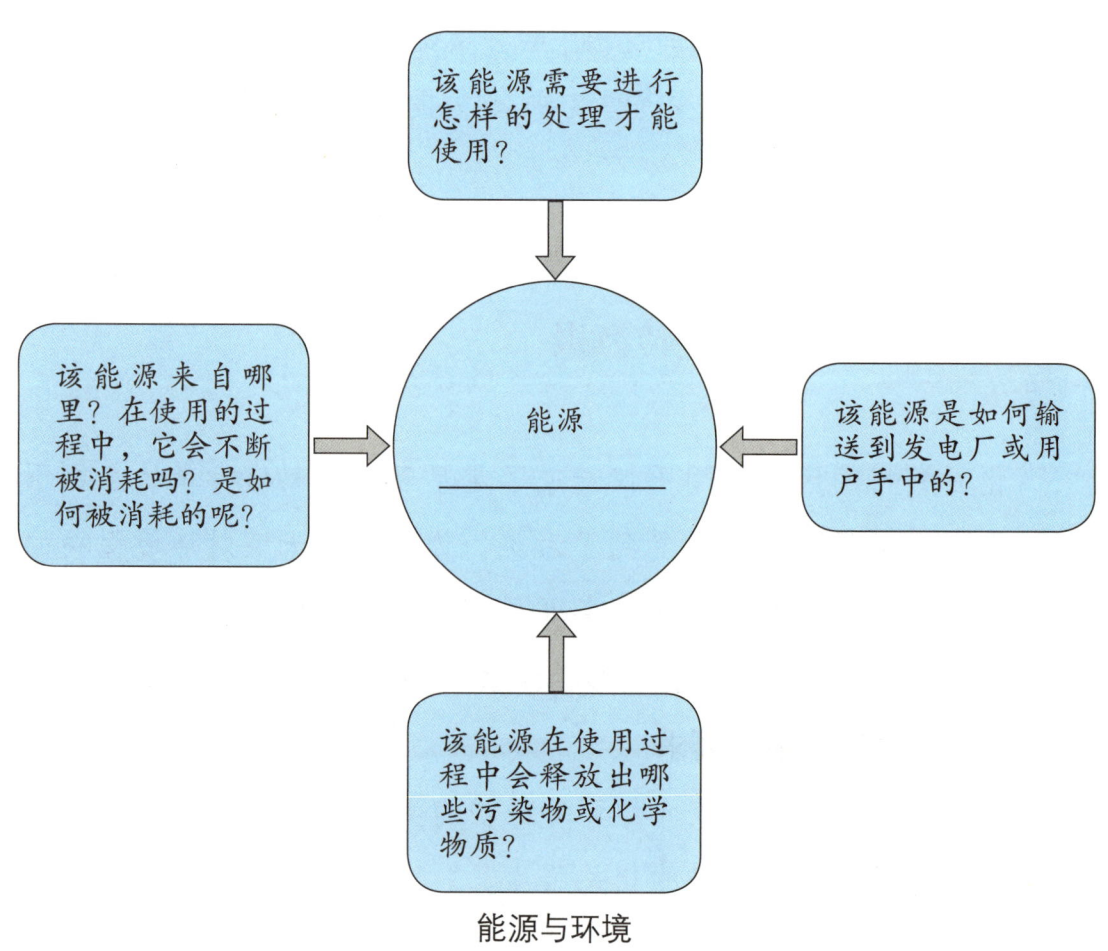

能源与环境

● **制作海报**

根据你们的调查结果，按照要求制作宣传海报吧！

3.2 温室效应

你在日常生活中听说过温室效应吗？你对温室效应的了解有多少？你还想了解哪些与温室效应有关的知识？请把它们记录下来吧！

自我评价记录表

我知道	我想知道	我学会了

你认为温室效应给全球带来的影响是好还是坏？能举出几个例子吗？

_____

_____

是什么

温室效应是指透射阳光的密闭空间由于与外界缺乏热对流而形成的保温效应，即太阳短波辐射可以透过大气射入地面，而地面增暖后放出的长波辐射却被大气中的二氧化碳等物质吸收，从而产生大气变暖的效应。大气中的二氧化碳就像一层厚厚的玻璃，使地球变成了一个大暖房。

科学与工程实践小组的成员们想要进一步了解温室效应所带来的影响,设计了"角色扮演"的活动。让我们一起来扮演不同的角色模拟一下吧!

科学与工程实践活动　角色扮演

选择10名学生扮演"热量",5名学生扮演"温室气体",教室的一侧代表太阳,教室的中间代表大气,另一侧代表地球。

代表"热量"的学生站在"太阳"一侧,代表"温室气体"的学生站在"地球"一侧。当太阳产生的热量到达地球时,温室气体会怎样移动呢?一起来模拟一下吧!

● 思考

1. 近年来地球上温室气体的排放量突然大幅增加,这会使热量发生怎样的变化?尝试扮演不同的角色模拟一下。

2. 结合活动,说一说温室效应是如何导致全球变暖的。

你知道吗

世界气象组织2019年发布的《温室气体公报》指出,地球大气中温室气体浓度再次刷新纪录,温室气体水平持续增长已成为长期趋势,未来将导致愈发严重的气候变化。二氧化碳是引起地球温室效应的原因之一,减少二氧化碳的排放是人类追求的目标。《温室气体公报》提到,人类燃烧化石燃料是二氧化碳增加的主因。此外,甲烷也是一种温室气体，其排放60%来自畜牧、利用化石燃料等人类活动。

面对全球温室效应的进一步增强，人们开始倡导"低碳生活"。因此，我们可以更多地利用太阳能等新能源来减少二氧化碳的排放，进一步节能减排、缓解温室效应和解决能源短缺问题。

利用太阳能有助于缓解温室效应，此外特特了解到，太阳能是一种取之不尽的清洁能源，自20世纪50年代第一个实用性的太阳能电池在美国试制成功以来，开发利用太阳能的技术方法日趋多样化，例如太阳能热电站、太阳能电池、太阳能储存技术和太阳能热利用技术等。

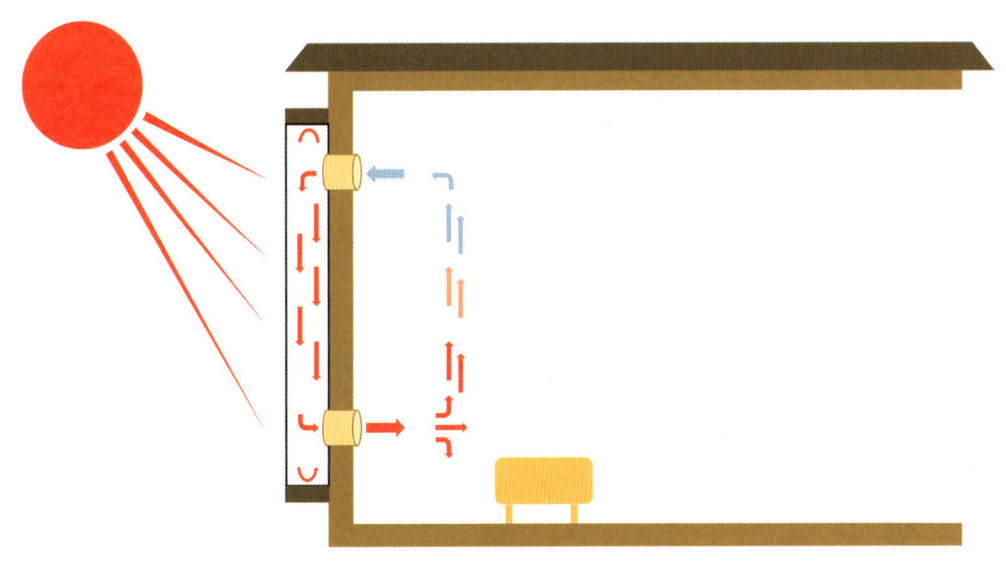

太阳能屋

太阳能与海水淡化

> **拓展活动**
>
> 　　太阳能应用广泛，除了太阳能屋，生活中你还见到过哪些太阳能产品呢？人们又是如何利用太阳能的呢？和你的小伙伴一起交流讨论，把你们想到的太阳能产品和利用太阳能的举措记录下来。

3.3 制作太阳能热水器

太阳能的应用非常广泛,太阳能热水器就是一种将太阳光能转化为热能的加热装置。它结合了多种科学原理设计制作而成,由真空集热管、保温水箱、支架、连接管道等组成。

太阳能热水器

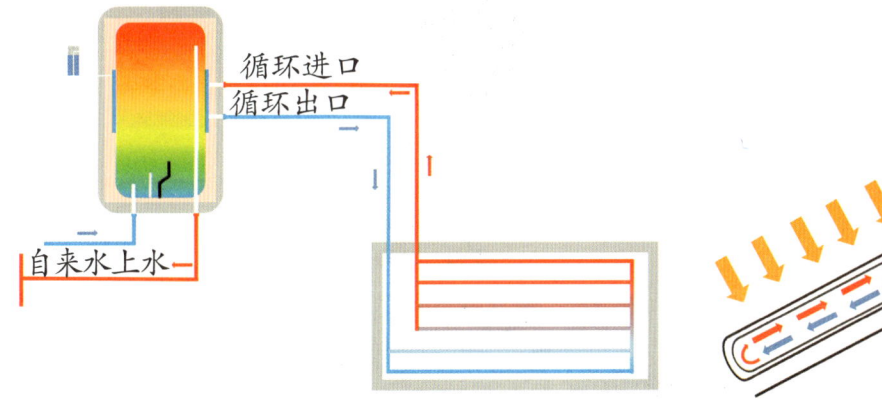

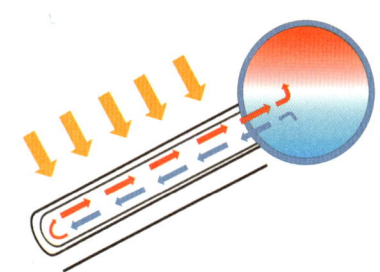

太阳能热水器工作原理图

让我们试着设计并制作一个简易的太阳能热水器吧!

课堂讨论

1. 太阳能热水器的升温措施有哪些?
2. 我们应该选择哪些材料进行制作呢?

太阳能与海水淡化

科学与工程实践活动 制作太阳能热水器

让我们和科学与工程实践小组成员一起设计并制作一个太阳能热水器吧！

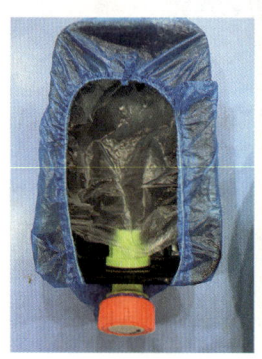

制作太阳能热水器

● **活动说明**

依照工程设计流程设计并制作一个太阳能热水器，该热水器能够直接利用太阳能来加热。在规定时间内完成制作任务，并比较各小组利用该装置加热等量水，使水温上升至一定温度所花费的时间。

● **活动材料**

1个500毫升的塑料瓶，1个纸箱，若干泡沫，若干黑色卡纸，若干铝箔纸，1支温度计等。

● **活动要求**

1. 小组成员都必须参与设计和制作过程。
2. 必须使用工程设计流程来设计热水器。
3. 半小时内加热水并记录水温的变化。
4. 半小时内热水器能使水温提升至少10℃。

● **活动提示**

为了成功制作一个太阳能热水器，科学与工程实践小组成员特意询问了住在星星岛的聪聪博士，博学的聪聪博士给出了一些小提示：

1. 铝箔能反射光和热。
2. 大多数热水器的边缘都是密封的，这样热量就不会散失。

 定义问题

小组讨论：太阳能热水器的成功标准和限制条件有哪些？

太阳能热水器的成功标准和限制条件

成功标准	限制条件
1.能使水温升高	1.水温高于环境温度时，就会进行散热，影响后续温度的稳定上升
2.	2.
3.	3.
4.	4.
5.	5.

 了解问题

查阅太阳能热水器的相关资料,了解太阳能热水器的各部分结构及对应功能,在设计中有所体现。

1 分工合作:每个人负责收集哪方面的信息?如何与小组成员进行沟通和协调?

2 交流讨论:筛选有用资料,针对这些信息你将如何设计太阳能热水器?小组成员认同你的设计吗?在小组成员发言的过程中,不要随意打断哦。

 拟订解决方案

1 画出太阳能热水器的设计草图,并说明设计理由。

2 列出制作太阳能热水器的步骤。

3 写出制作过程中需要用到的工具、材料和技术。

 尝试解决方案

按照设计方案制作太阳能热水器。

在制作过程中你们遇到了哪些问题？你们小组是如何解决的？

遇到的问题与解决方法

遇到的问题	解决方法

 测试解决方案

1 自制的太阳能热水器水温每提升10℃需要多少时间？热水器的保温效果如何？

2 设计数据记录表,并记录数据。

确定解决方案

1 通过测试和反馈,你们制作的太阳能热水器还存在什么不足?针对这些不足,你们会做出哪些改进?

_____

_____

2 画出改进后的太阳能热水器的设计图,并根据设计图对太阳能热水器进行改进。

3 重新测试,记录数据。

项目三　太阳能热水器

 展示与评价

1　向同学们展示并介绍你们小组制作的太阳能热水器。

2　小组成员对本组的表现进行评价，并给其他小组提出建议。

3　收集其他小组的建议。

当利用太阳能热水器加热清水时，一定要使用防烫手套哦！

在活动结束后要记得用肥皂和清水洗手。

59

3.4 "水资源短缺"活动

为了让星星岛的居民们更直观、更具体地认识到淡水资源短缺的现状，科学与工程实践小组想设计一张主题小报，向当地居民提供水资源短缺的信息。让我们来帮助科学与工程实践小组选择星星岛上一个水资源短缺的地区进行调查，并制作该地的"水资源短缺"主题小报吧！

科学与工程实践活动　设计"水资源短缺"主题小报

● 介绍水资源短缺地区

用简洁的语句来介绍你所选择的水资源短缺的地区，这个地区位于哪里？气候是怎样的？水资源短缺情况如何？

项目三　太阳能热水器

● 人们的生活情况

水资源短缺给该地人们的生活带来了哪些影响？可以补充相关的细节信息和图片。

● 获取水资源的途径

这个地区的人们是如何获取水资源的？

● **家用海水淡化装置的必要性**

如果你是这个地区的居民,家用海水淡化装置会帮助到你的家庭吗?为什么?

项目四

海水淡化站

项目活动

盐水和淡水有什么不同吗?海水可以喝吗?如何利用太阳能除去海水中的盐分,从而提取淡水呢?下面让我们一起来探索吧!

4.1 物体的沉浮

水是我们生活中最常见的物质之一，你知道我们平常使用的水有哪些特征吗？可以把你的想法填在下图中哦。

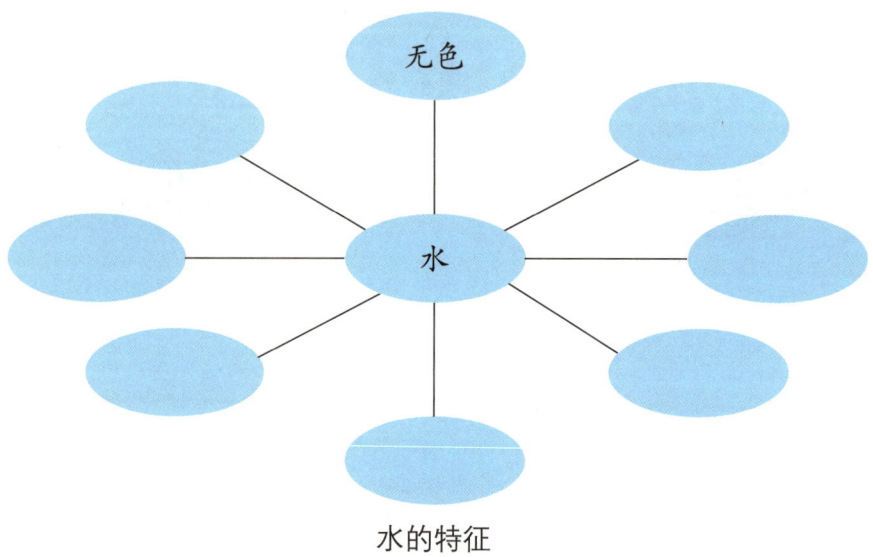

水的特征

课堂讨论

在水中加入盐可以形成盐溶液，即我们生活中所说的盐水，海水也是盐水的一种。盐水具有与淡水不同的性质，你能说一说吗？和其他小组成员交流你的看法。

你知道吗

物体在海水中比在淡水湖或游泳池里更容易漂浮。物体在液体中的浮沉情况由浮力和重力共同决定。

项目四 海水淡化站

科学与工程实践活动

鸡蛋沉浮

特特发现在密度不同的溶液中物体的沉浮情况有所不同,他决定用鸡蛋来探究密度对沉浮的影响,但是他不太清楚该怎么做。你能帮助他吗?

● 活动材料

3个200毫升的烧杯,1盆水,3个生鸡蛋,1袋食盐,1个电子秤,若干张称量纸等。

● 活动过程

1.在3个烧杯中各加入100毫升水,此时将鸡蛋放入烧杯中,会发生什么现象?把你所观察到的现象记录下来,可以采用图文结合的方式完善实验记录表哦。完成后取出鸡蛋。

2.用电子秤称量10克食盐,放入第一个烧杯中,搅拌至食盐全部溶解。此时第一个烧杯中溶液的密度与另两杯一样吗?猜一猜,将鸡蛋放入第一个烧杯中会发生什么现象?动手试一试,记录你观察到的现象。

3.用电子秤称量20克食盐,放入第二个烧杯中,搅拌至食盐全部溶解。此时三个烧杯中溶液的密度大小一样吗?若将鸡蛋放入第二个烧杯中,会发生什么现象?动手试一试,记录你观察到的现象。

4.用电子秤称量30克食盐,放入第三个烧杯中,搅拌至食盐全部溶解。此时哪个烧杯中溶液的密度最大?哪个最小?若将鸡蛋放入第三个烧杯中,会发生什么现象?动手试一试,记录你观察到的现象。

"鸡蛋沉浮"活动实验记录表

溶液编号	含盐量/克	实验现象图	鸡蛋漂浮情况（打"√"）	其他现象
1	0		漂浮（　） 不漂浮（　）	
2	10		漂浮（　） 不漂浮（　）	
3	20		漂浮（　） 不漂浮（　）	
4	30		漂浮（　） 不漂浮（　）	

● **思考**

你的猜测准确吗？鸡蛋在几号溶液中处于漂浮状态呢？你能根据不同溶液的密度，对鸡蛋的沉浮情况进行解释吗？

4.2 盐水有多咸

原来鸡蛋在水中的沉浮情况与水的含盐量有关，特特对盐水更好奇了！那到底什么是盐水呢？

是什么

盐水指的是每升含盐量超过30克的水。一般用盐度表示水中含盐量的多少。盐度即单位盐水中的含盐量。海水中含有很多盐类物质，主要是氯化钠和氯化镁，因此海水的味道既咸又苦。

盐水和淡水有什么区别呢？

你知道吗

盐水有许多区别于淡水的特性：

密度：盐水的密度比淡水大，所以物体在盐水中受到的浮力更大。

黏度：盐水具有较高的黏度或流动阻力。

凝固点：盐水的凝固点比淡水低。

沸点：盐水的沸点比淡水高。

阅读学习

死海是一个内陆盐湖,位于约旦和以色列、巴勒斯坦交界。由于死海所在地区炎热干燥,气温高,水分蒸发后盐分留了下来。日久年深,湖中积累的盐分就越来越多,含盐量高达25%~30%,是一般海水含盐量的6~10倍。死海的水很咸,人们可以不费力气就漂浮在水面上。水中除细菌外,水生植物和鱼类很难生存,沿岸树木也极少,因此被命名为"死海"。

青海湖是中国最大的内陆湖泊和咸水湖,含盐量为1.25%。而一般海水中每升海水的平均含盐量为35克,大约为3.5%,从这个意义上比较,大海中盐的浓度高于青海湖中盐的浓度。

人在死海中漂浮

青海湖

● 思考

1. 人为什么能在死海中漂浮?
2. 如何比较不同溶液的盐度?

项目四 海水淡化站

课堂讨论

"鸡蛋沉浮"活动中制作的三杯溶液的标签不小心被水浸湿了,标签上的记录已看不清,你有什么办法给它们重新按盐度从低到高编号吗?将你想到的方法记录下来,并和同伴进行交流。

科学与工程实践活动　测量溶液的盐度

大家想的方法都很有创意!为了让实验结果更准确,我们可以制作一种叫作"比重计"的工具,这样我们就能测量不同溶液的盐度了。

● **活动材料**

500克食盐,1个塑料勺,1台天平,1个大塑料杯,1个500毫升的烧杯,黏土块或橡皮泥若干,1支吸管,1支油性马克笔。

活动材料

● 制作"比重计"

1. 用天平称取4份30克的食盐。

2. 将大塑料杯放置在水平桌面上,倒入400毫升水。

3. 将黏土捏成一个比吸管末端略大一点的小球,把吸管底部插入黏土小球,注意要粘牢固。(如果你的比重计被黏土压得很重,它就不能工作,所以使用尽可能少的黏土)

比重计

4. 将吸管放入烧杯中,确保它能竖直漂浮。如果不能,把黏土更均匀地粘在吸管的末端,直到吸管可以竖直漂浮。

5. 当你的吸管能够竖直漂浮后,在水面和吸管的交界处用记号笔标上"0",此时水中不含盐。

6. 在烧杯的水中加入1份30克的食盐,待食盐完全溶解后,放入"比重计",在水面和吸管的交界处用记号笔标上"30",此时400毫升水中含有30克盐。

7. 依次加入剩余3份食盐,待食盐完全溶解后,放入"比重计",并标上对应的盐的质量值。

快和特特一起动手制作比重计吧!

● 测量未知溶液的盐度

请使用你所制作的比重计来测量未知溶液的盐度。

1. 将制作好的比重计放入溶液中,通过观察水面与吸管的交界处离哪个标记最近,来确定溶液的盐度,并将测量结果记录下来。

2. 请你在下面方框中画一画各溶液中比重计的位置,并在括号中按盐度从低到高进行编号。

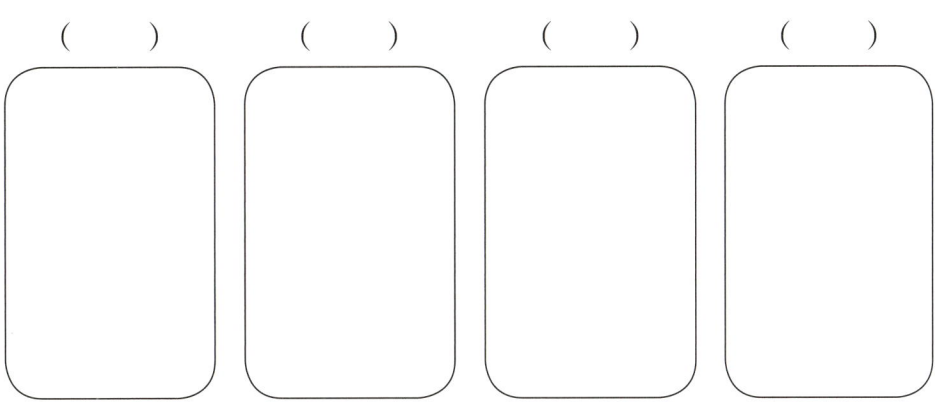

3.写一写编号的依据：_____

_____

4.小伊准备自己调配一杯新的溶液，来测验一下特特做的比重计。你能尝试着调配溶液，并用自制的比重计测量出新配制溶液的盐度吗？

我观察到的现象是：

我猜测这杯水的盐度是：

我猜测的依据是：

● **思考**

用自制的"比重计"可以精确地测量出未知溶液的盐度吗？你准备用什么方法进一步提高"比重计"的精度呢？

太阳能与海水淡化

4.3 探索海水淡化站

通过前面的学习,我们了解了盐水和淡水的一些特性。在自然界中它们可以相互转化吗?如果可以的话,是通过什么方式呢?让我们一起来了解水循环吧。

 水循环

是什么

水循环是指地球上不同地方的水,通过吸收太阳的能量,改变状态并到达地球上另外一个地方,例如地面的水分受到太阳照射,被蒸发成为水蒸气。水的状态包括固态、液态和气态。地球上的水多数存在于大气层、地面、地底、湖泊、河流及海洋中。水会通过一些物理作用,例如:蒸发、水汽输送、降水、渗透、表面的流动和地底流动等,由一个地方移动到另一个地方,如水由河川流动至海洋。降水、蒸发和径流是水循环过程的三个最重要环节,这三个环节构成的水循环决定着全球的水量平衡,也决定着一个地区的水资源总量。

原来地球上的水循环过程这么奇妙!你可以根据上述材料填写下页图中每个字母所代表的水循环过程吗?

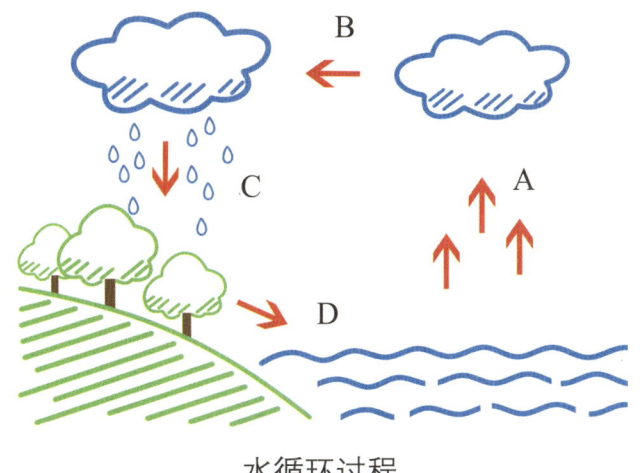

A:＿＿＿＿＿＿＿＿＿

B:＿＿＿＿＿＿＿＿＿

C:＿＿＿＿＿＿＿＿＿

D:＿＿＿＿＿＿＿＿＿

水循环过程

 蒸馏与海水淡化

在学习了"水循环"的知识后，特特晚上做了一个梦：他制作了一个海水淡化装置，把盐水倒进去，出来的就是淡水啦！这个梦可以实现吗？让我们和特特一起设计海水淡化装置吧！

课堂讨论

先来确定海水淡化装置的动力吧！你认为太阳能和化石燃料哪个更适合为海水淡化装置提供动力呢？为什么？请和同学们一起讨论并写出至少三个理由。

是什么

蒸馏是指将液体加热变成蒸气，再使蒸气冷却凝结成液体，从而除去其中的杂质。

要怎样实现海水蒸馏淡化呢？特特想了很久也没有头绪。这时，他刚好看到实验室里的蒸馏装置，你能告诉特特该装置各部分的作用吗？快来说一说吧！

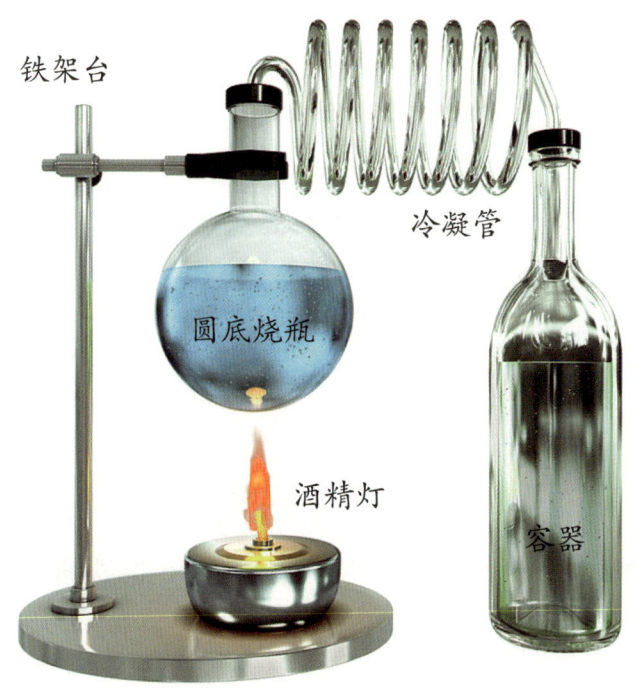

蒸馏装置

科学与工程实践活动 设计海水淡化装置

特特了解了蒸馏装置后，不禁感叹道："原来这样就可以进行蒸馏了！"学到这儿，你对海水淡化装置的设计是否有了一些灵感呢？现在，就请你和特特一起来设计海水淡化装置吧！

- 活动内容

1.画出海水淡化装置的草图，在草图中标注海水淡化装置各部分名称。

2.说明设计的海水淡化装置是如何工作的。

3.列出制作步骤,对小组成员分工进行安排。

4.写出制作过程中需要用到的工具、材料和技术等。

原来用这样的方式就可以把盐水转化为淡水啦!虽然原理较为简单,但是在实际处理过程中,海水淡化处理要经历的过程更复杂。让我们一起来看看大型的海水淡化处理设备吧!

汉堡港的海水淡化厂图

迪拜现代海水淡化厂鸟瞰图

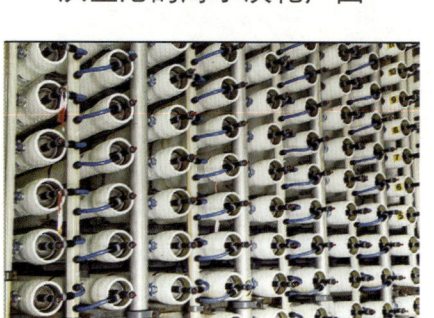

海水淡化设备

海水淡化厂

 水的影响

你知道吗

水对人体的影响

水是维持生命最重要的物质之一，通常人体内水的含量占体重的60%~70%。水不仅仅是人体的重要组成成分，而且还参与人体内的重要代谢过程。人体内各种细胞内外生命活动也都是在水溶液中进行的，包括运输、排泄、交换、体温调节和各种生物化学反应及新陈代谢过程。因此，水是人体不可缺少的物质，水的供应一旦停止，人的生命仅能维持数天。正常人每天要不断地从外界摄取水分，同时又要通过各种途径排出水分，保持着身体内水的动态平衡。如果人体的水分摄入过多，或者排出过少，人就会出现水肿甚至水中毒等一系列的病理变化；反之，如果人体的水分摄入过少，或者排出过多，人体就会出现脱水现象，人体失水达到体重的10%时，就会出现严重症状，失水20%时就可能导致死亡。

课堂讨论 脱水会给人体带来哪些危害？

了解了这么多关于海水淡化处理的知识，特特又有了一个疑问：为什么要把海水处理成淡水呢？我们不可以直接饮用海水吗？是因

为海水不够洁净吗？

原来呀，海水中含有大量盐和各种矿物质。这些物质含量太高，远远超过饮用水的标准，所以大量饮用海水会影响健康，严重的还会导致中毒。不小心喝了一口海水没关系，如果误喝了大量海水，需要及时就医哦。

在活动过程中，小思和茉茉又提出了相关的问题。

让我们和科学与工程实践小组成员一起做实验，来观察植物在不同的水中发生的变化。要用上观察工具显微镜哦！

浸入淡水中的葱

浸入盐水中的葱

科学与工程实践活动　探究细胞在不同水中的变化

让我们以洋葱为实验材料,探究细胞在清水和盐水中的变化吧!

● **活动内容**

1.小组合作,查阅显微镜的相关资料,交流分享,然后标出显微镜各部分的名称,写一写显微镜的操作步骤。

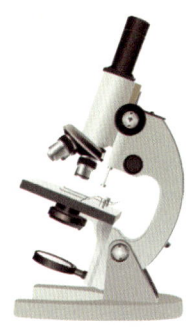

显微镜

操作步骤:

2.请用给定的活动材料来探究细胞在不同水中的变化。

● **活动材料**

1台显微镜,1个洋葱,1把镊子,1支滴管,1杯清水,1杯盐水,1片载玻片,1片盖玻片,若干吸水纸,若干纱布等。

● **活动要求**

1.请你设计实验方案,其中包括实验问题、实验步骤及实验记录表等内容。

2.基于你之前所学的有关显微镜的知识,观察在清水浸泡下的洋葱表皮细胞和在盐水浸泡下的洋葱表皮细胞,并将实验现象记录在所设计的实验记录表中。

3.分别画出在显微镜下观察到的清水浸泡下的洋葱表皮细胞及盐水浸泡下的洋葱表皮细胞。

● 思考

1.两种实验条件下的洋葱表皮细胞有什么不同?请尝试利用你的实验数据来解释说明。

2.你是如何利用这些材料进行探究的?在这个过程中你遇到了哪些问题?你是如何解决的?和你的小伙伴一起交流一下!

4.4 "世界水日"主题宣传活动策划

阅读学习

2022年3月22日是第三十届"世界水日",联合国确定2022年"世界水日"主题是"珍惜地下水,珍视隐藏的资源"。每年的3月22日至28日是"中国水周",我国纪念2022年"世界水日""中国水周"活动的主题为"推进地下水超采综合治理 复苏河湖生态环境"。这提醒我们要节约用水,建设造福人民的幸福河,走人水和谐的绿色发展道路。

世界水日

节约用水

水是生命之源、生产之要、生态之基。地球上淡水资源极其有限,而且分布不均。虽然我国淡水资源总量相对较多,但人均占有量少、水资源时空分布不均,过去很长一段时间内水灾害频发。随着经济社会不断发展,水资源短缺、水生态损害、水环境污染的新问题突出,水安全形势严峻。在推进

生态文明建设的今天,节约用水,关注水资源、水生态、水环境具有重要意义。

科学与工程实践小组成员正在筹划开展一个活动,来呼吁人们保护水资源。他们在网上找到了一些宣传海报,让我们一起来欣赏一下吧!

"世界水日"宣传海报

课堂讨论

1. 你从以上宣传海报中可以获取哪些信息?有什么体会?

2. 在日常生活中,我们应该怎么做才能合理利用水资源呢?

项目四　海水淡化站

科学与工程实践活动：“世界水日”宣传活动

● 活动背景

特特认为，除了利用科技帮助岛民们解决淡水资源短缺的问题，还要帮助大家树立节水意识。科学与工程实践小组准备组织开展一次"世界水日"宣传活动，邀请我们一起参加。

● 活动内容

从"制作一张世界水日的活动海报""设计一个节水标语""在学校广播站宣传水资源保护"等活动中选择一个活动，以小组为单位，用图文结合的方式设计你的活动方案，并且在展示墙上进行展示。

● 活动要求

1. 向全班同学展示并介绍你们小组的活动方案。

2. 全班同学将对各小组的展示内容进行评价，收集同学的建议，对本小组的活动方案进行改进。

项目五

淡水总动员

项目活动

科学与工程实践小组成员已经掌握了许多与海水淡化有关的知识和技能,如何利用所学的知识来制作一个由太阳能驱动的装置,完成对海水的淡化呢?让我们一起来试试吧!

5.1 淡水危机

阅读学习

全球水资源分布是很不均匀的，淡水资源严重缺乏的地区还有很多。我国的水资源分布也很不平衡，大部分水资源集中在我国的东南部。由于我国人口数量多，人均水资源量只有2300立方米，仅为世界平均水平的1/4，是全球人均水资源最贫乏的国家之一。

目前淡水资源的匮乏是很多国家面临的共同难题，随着科技水平的提升，在海边的一些国家和地区已经开始通过建设海水淡化厂来获取一些所需的生活淡水。例如浙江省舟山市普陀区虾峙镇六横岛是舟山缺水最严重的地区之一，六横岛海水淡化厂的投入使用，解决了当地的用水问题，为居民和企业的用水需求提供了保障。

● 思考

1. 中国的水资源分布情况如何？
2. 人们通过什么方式来解决淡水资源短缺的问题？

在一些淡水资源缺乏的地区，海水淡化厂确实可以获取一定量的淡水，但是通过多方调查后发现，这些地区的海水淡化厂在获取淡水资源的同时也消耗了大量的能源并产生了一些废弃物。

于是，科学与工程实践小组希望能制作出一种可以借助太阳能来淡化海水的装置，这样可以大大节省海水淡化的成本，并减少废弃物的产生，缓解星星岛的淡水资源短缺危机。大家都提出了不同的设想。

> 应该参考一下太阳能热水器的工作原理图。

> 可以采用工程设计流程来制作这个装置。

> 我能联想到实验室的蒸馏装置。

> 同意！我认为大家的设想都很好！

课堂讨论

让我们也来参与他们的讨论吧!

1. 如何利用太阳能来获取海水中的淡水,你初步的设想是怎样的?

2. 回顾之前所学过的太阳能热水器的设计和海水淡化装置,你从中可以借鉴什么?

5.2 制作海水淡化装置

经过讨论，科学与工程实践小组成员准备利用工程设计流程来完成海水淡化装置的制作，用于解决水资源短缺问题。

科学与工程实践活动 淡水总动员挑战

● 活动说明

依照工程设计流程设计并制作一种太阳能驱动的海水淡化装置，该装置能够利用太阳能分离出淡水。各小组需要在规定的时间内利用"资金"购买材料并完成任务，最终将比较各小组制作的海水淡化装置分离出的淡水总量。

● 活动材料

将规定额度的"资金"用于购买材料；一个免费的学生入门工具包，包括剪刀、尺子和胶带；小组先前制作的比重计。

请你按照制作海水淡化装置的要求，同时根据每个小组对制作材料的需求，填写下列材料使用明细表。

要注意节约材料啊！

材料使用明细表

材料名称	单价	数量	材料名称	单价	数量	材料名称	单价	数量
塑料盒	元/个		金属垫圈	元/个		回形针	元/个	
玻璃碗	元/个		小石块	元/个		食盐	元/袋	
塑料碗	元/个		纸巾	元/包		小烧杯	元/个	
大塑料杯	元/个		漏斗	元/个		小钩码	元/个	
小塑料杯	元/个		工艺塑料片	元/片				
铝箔饼盘	元/个		木棒	元/根				
保鲜膜	元/卷		橡皮筋	元/根				
铝箔纸	元/卷		黑纸	元/张				
吸管	元/根		白纸	元/张				
黏土	元/克		报纸	元/张				
总价								

注：除以上材料外，还可以自行补充其他材料。

◉ 活动规则

1.海水淡化装置必须利用太阳能分离出淡水［可以借助比重计来证明已获得淡水（淡水比重为1）］。

2.海水淡化装置必须有创新点。

3.小组成员都必须参与设计和制作过程。

4.必须使用工程设计流程来设计海水淡化装置。

定义问题

小组讨论：海水淡化装置的成功标准和限制条件都有哪些？

 太阳能与海水淡化

海水淡化装置的成功标准和限制条件

成功标准	限制条件
1.能利用太阳能分离出淡水	1.材料的预算在规定金额以内
2.	2.
3.	3.

 了解问题

1 如何利用太阳能来进行海水淡化？哪些材料可用于制作海水淡化装置？小组分工合作查阅海水淡化的相关资料，并制订制作海水淡化装置的预算方案。

是什么

> 预算是指对某个项目或某段时间内的总收入和总支出的预估。

2 交流讨论：小组其他成员认同该方案吗？对于同学的疑惑，你会怎样解释呢？在其他成员发言的过程中，不要随意打断哦。

 拟订解决方案

1 画出海水淡化装置的设计草图，并说明设计理由。

2 列出制作海水淡化装置的步骤，对小组成员进行分工。

3 写出制作过程中需要用到的工具、材料和技术等。

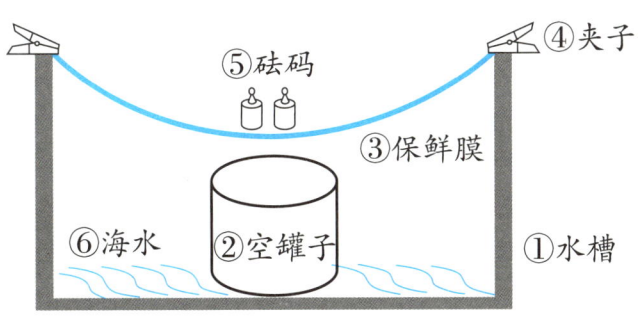

海水淡化装置设计图示例

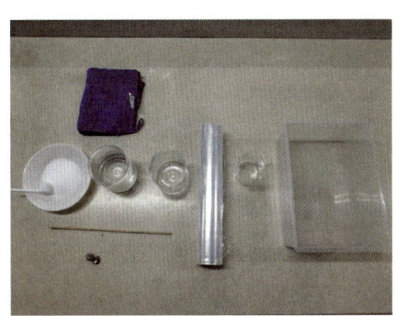

材料示例

尝试解决方案

依据设计图，制作海水淡化装置。在制作过程中你们遇到了哪些问题？你们小组是如何解决的？

遇到的问题与解决方法

遇到的问题	解决方法

制作步骤示例：

1　利用清水和食盐，配制一定浓度的"海水"。

2　将"海水"倒入大塑料盒中。

3　在大塑料盒中心位置，放入空的小烧杯。

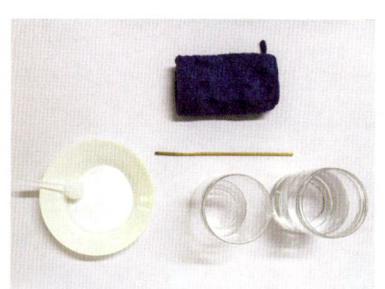

配制"海水"

4　利用保鲜膜给大塑料盒进行密封，可借助夹子或回形针等材料。

5　在保鲜膜中心处放置几个小钩码或小石块，制造一个低洼处。

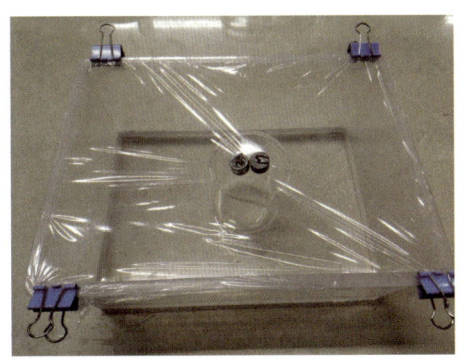

海水淡化装置制作示例

测试解决方案

1 你们小组的海水淡化装置是否利用太阳能来淡化"海水"？在规定时间内获得了多少毫升淡水？

---

2 "海水"淡化后剩余溶液的含盐量为多少？用"比重计"来测一测吧！

确定解决方案

1 通过测试和反馈，你们的海水淡化装置有什么不足？针对这些不足，你们会做出哪些改进？

---

2 画出改进后的海水淡化装置的设计图，并根据设计图对海水淡化装置进行改进。

3 重新测试，记录数据。

 ## 展示与评价

1 向同学们展示并介绍你们小组制作的海水淡化装置。

2 小组成员对本组的表现进行评价，并给其他小组提出建议。

3 收集其他小组的建议。

5.3 节水活动大宣传

科学与工程实践小组成员在查阅资料后得知世界上有很多水资源短缺的国家,这些国家不仅急切地需要从更多途径来获得丰富的淡水资源,而且也极力倡导人们在日常生活中尽可能地节约用水,最大程度地利用每一滴淡水。

在生活中,公益广告可以起到很好的宣传作用,让人民群众的节水等环保意识大大加强。

公益广告

科学与工程实践小组决定设计一个公益广告,为水资源匮乏的国家贡献自己的力量,并介绍所制作的海水淡化装置是如何帮助解决水资源短缺问题的。让我们和科学与工程实践小组成员一起来完成这个公益广告吧!

科学与工程实践活动 设计公益广告

● 活动任务

为全球水资源短缺地区的其中一个国家设计一则公益广告。

● 活动要求

1. 公益广告时长不得超过5分钟。

2.图文结合,富有创意。

3.公益广告中注明设计者的名字,小组成员都要参与设计。

● 活动内容

1.介绍相关的节水措施。

你们所选择的水资源短缺国家有哪些节水措施,请用简洁的语句来介绍。

节水措施:

2.介绍海水淡化装置。

介绍你们所制作的海水淡化装置的详细信息,包含设计理念、结构、成本和优点,以及水资源短缺国家使用该海水淡化装置的原因。可以补充相关的信息、图片或者视频等。

海水淡化装置:

3.解决问题的措施。

水资源短缺国家的哪些地方适合使用该海水淡化装置,请举例说明。着重说明你们所制作的海水淡化装置如何帮助这些地方解决水资源短缺的问题。

解决问题的措施:

思考

1.你们设计的公益广告是如何吸引观众的注意力,让他们对宣传内容感兴趣的?

2.观众从公益广告中可以获得什么信息?如何让观众获得更多的信息?

参考文献

[1] 中国大百科全书总编委会. 中国大百科全书[M]. 北京：中国大百科全书出版社，2009.

[2] 朱清时. 义务教育教科书科学九年级上册[M]. 杭州：浙江教育出版社，2018.

[3] 帕迪利亚. 科学探索者：运动、力与能量[M]. 杭州：浙江教育出版社，2018.

[4] 丹尼尔. 科学启蒙：物质科学6[M]. 杭州：浙江教育出版社，2010.

[5] 陈明远，金岷彬. 历史考古的新观点（之三）木石复合兵器：投石索、投石器、投石机[J]. 社会科学论坛，2014（3）：32-42.

[6] 彭克宏. 社会科学大词典[M]. 北京：中国国际广播出版社，1989.

[7] 何盛明. 财经大辞典[M]. 北京：中国财政经济出版社，1990.

[8] 蒋辑. 风能及我国风能资源[J]. 可再生能源，2006（4）：83.

[9] 张志英，鲁嘉华. 新能源与节能技术[M]. 北京：清华大学出版社，2013.

[10] 彭漪涟，马钦荣. 逻辑学大辞典[M]. 上海：上海辞书出版社，2004.

[11] 李国璋，霍宗杰. 中国能源消费、能源消费结构与经济增长：基于ARDL模型的实证研究[J]. 当代经济科学，2010，32（3）：55-60，125-126.

[12] 周光召. 中国大百科全书·物理学[M]. 北京：中国大百科全书出版社，2009.

[13] 刘涛，顾莹莹，赵由才. 能源利用与环境保护：能源结构的思考[M]. 北京：冶金工业出版社，2011.

[14] 翁一武. 绿色节能知识读本：探寻公共机构节能之路[M]. 上海：上海交通大学出版社，2012.

[15] 戴君虎，晏磊. 温室效应及全球变暖研究简介[J]. 世界环境，2001（4）：18-21.

[16] 王锋，周化岚，张建国. 太阳能驱动二氧化碳转化[J]. 自然杂志，2021，43（1）：61-70.

[17] 赵晓栋，杨婕，张倩，等. 海洋腐蚀与生物污损防护技术[M]. 武汉：华中科技大学出版社，2017.

[18] 李淑杰，郭正中. 世界地理百科知识[M]. 长春：吉林人民出版社，2012.

[19] 王守荣，朱川海，程磊，等. 全球水循环与水资源[M]. 北京：气象出版社，2003.

[20] 明道. 地理常识速查速用大全集[M]. 北京：中国法制出版社，2014.

[21] 郝迟，盛广智，李勉东. 汉语倒排词典[M]. 哈尔滨：黑龙江人民出版社，1987.

[22] 江正辉. 临床水、电解质及酸碱平衡[M]. 重庆：重庆出版社，1992.

[23] 孙喜庆. 遇险生存与营救[M]. 西安：第四军医大学出版社，2001.

[24] 王金陵, 漫图腾. 海水为什么不能喝[J]. 儿童故事画报, 2017(38): 14.

[25] 王腊春, 史运良, 王栋, 等. 中国水问题: 水资源与水管理的社会研究[M]. 南京: 东南大学出版社, 2007.